テレビが日本人(庶民)をダメにした2

新型コロナウイルス含む

嶋河 薫風 Kunpu Shimakawa

文芸社

はじめに

『テレビが日本人（庶民）をダメにした』の第1弾を2020年4月に発行して、その中に大まかではありますが、私のプロフィールを書いていますので、ここでは省略させて頂きます。

　前回の第1弾は、新型コロナウイルスが流行る前から流行り始めた頃にかけて、執筆しましたので、所々テレビと私の話にギャップを感じられた方も多いと思いますが、自費出版なので発行までには時間が掛かります。そして、今回の第2弾も所々、時差（時期）が生じますが、ご了承下さい。

　さて、今回の第2弾ですが、第1弾で書けなかった続きと新型コロナウイルスに関するテレビ放送の疑問を主に書いています。
　そして、後半は第1弾と同じく「お願い＆質問コーナー」と「参考までに」と最後に「まとめ」を書かせて頂きました。似たような内容が多々ありますが、ご

了承下さい。

　この本を読んでいくうちに、私の意見に賛成出来なく、否定する人も多いでしょうが、第1弾と同じく「子供達の未来のために大人達が良い見本、手本になりましょう」というテーマですので少しでも参考にして頂ければ嬉しいです。

目　次

テレビが日本人（庶民）をダメにした 2
新型コロナウイルス含む

新型コロナウイルス関連

1

あるニュースで、医療従事者に対しての感謝を伝えるべく、決まった時間にベランダに出て拍手をしたり、建物にライトアップをするというのを放送していた。

それも、美談であるかのように……。

私が、医療従事者であれば、そんなことをする時間があるのなら、保護具やマスクを１枚でも多く作って欲しいと思う。今、やるべきことが解っていないし、今、放送するようなことではない。

それを医療従事者にインタビューしていたのだが、「嬉しいですねぇ、励みになります」としか言われへん。

ここで「そんなことをする時間があるのなら、保護具やマスクを１枚でも多く作って欲しいです」って言うと批判されると解っているのだから……。

テレビ業界の人達、特にニュース番組に携わる人達は、優先すべき放送が間違っていると思う。

中学2年生の時の
気持ちに戻って一言

拍手をしたり、ライトアップをしたり、中2の俺でもやるべきことは解るで。保護具やマスクが足らん言うてるのに‼

2

　休業要請に対する政府や都道府県知事への疑問なの
だが、今の法律では強制力がないと言うが、これから
先にも未知の新型のウイルスが発生する（諸説100年
単位で）と言われているので後人達の為にも作るべき
だと思います。

　それで、休業要請を指定した業種に対しては、PCR
検査を受けてもらい陰性であれば医療従事者関連の仕
事に優先的に働いてもらい、保護具やマスク、食事を
作ったり、物を運んだり、廃棄物の処理、回収など医
療従事者に聞けば素人でもやれることはたくさんある
と思います。そして、その間は、その人の過去１年間
の収入から換算した平均給料を支払うか歩合制にする。
もし、違反すれば経営者の全財産を没収し、辞めさせ、
従業員だけで経営者を決める。

　仕事が無いと嘆くより、現実には人手不足の仕事が
ある。

矢沢永吉語録

「いつの時代だって、やる奴はやるのよ！　やらない
奴はやらない！」

中学2年生の時の
気持ちに戻って一言

医療従事者関連の仕事が
無ければ、介護や農業関
連など、他の人手不足の
所で働いてもらおう‼

3

　あるニュース番組で、大学が休校になったので、新
１年生の歓迎会をオンラインでやっていたり、各大学
の応援団がSNSを使って頑張ろうというのを放送して
いたのだが、こんなことをニュース番組が公共の電波
を使って放送するようなことではない。

　こういうところがズレていると思う。

中学2年生の時の
気持ちに戻って一言

こんなんを放送するなら
１つでも２つでもコロナ
の治療薬を取材しろ‼
まったく無駄な時間や

4

　休業要請に従わない店の店名の公表があるが、こんなものは店をしている人間にとっては痛くも痒くもない。

　逆に宣伝費を使わなくて有名になるのだから早く公表してくれと思っているだろう。

　昔で言う「箔がつく」というやつだ。

　今、我慢している人達がコロナウイルスが終息した時に「そういえば、コロナ騒動の時に休業要請に従わなかった店があったなあ」と思い出し「ちょっとどんな所か行ってみようか？」という宣伝効果を狙っているのである。

　そういうことが、今の政治家は解っていない。

　しかし、そんな職種の中でパチンコ店があるのだが、３密の状態になるのが解っていながら行ってしまう、死ぬかも知れないのに行ってしまう。中には自分は大丈夫だと思ってしまう人もいるのでしょうし、人に感染させても平気なのでしょう。

自分さえ良ければ、ストレスを発散出来れば良いと思うのでしょう。

　これが、ギャンブル依存症の怖いところだ。

中学2年生の時の
気持ちに戻って一言

人阪のIR事業も対策を考え直さなければいけないと思う‼

5

　３密の状態を避けるのに、買い物は３日に１回とか、名前のイニシャルでの順入店とかの案が出ていたが、初めてそれを聞いた時、何で、そんな馬鹿げた案が出るのか解らなかった。

　ただ単に、入場制限すれば良いだけの話である。

　後は間隔を空け、換気をし、買い物なり、郵便局や銀行なども行けば良いのではないでしょうか？

中学2年生の時の
気持ちに戻って一言

ファミリーレストランなどの食事場所も間隔を空け、換気をすれば良いのではないでしょうか？

6

2020年4月28日の「報道ステーション」で学校を9月始業にする案を放送していたが、コロナウイルスが終息もしていないのにそんな話は時期尚早であることが、今の報道関係者達は解らないのか？

第2波、第3波が来るかも知れないというのに、いかに、無駄な時間を使っているか解っていないのである。

こんな効率の悪い報道（仕事）でも、我々より高い給料をもらっているのだから、もっとしっかりしてもらいたいものである。

優先順位を間違えてはいけない。

中学2年生の時の
気持ちに戻って一言

先に終息やろ！ 優先順位
を間違えてはいけない!!

7

　さまざまな自粛解除基準が各自治体から出ているが、何項目も判断基準があり、ややこしいので、私は子供達にも解りやすくするために判断基準は１つで良いと思っている。

　それは、「各都道府県の新型コロナウイルスの患者を診ている病院で１週間ごとに医療従事者が交代で休めるようになってから」である。

　その理由は、これから必ず来るであろう第２波、第３波に備えてもらい、その間に、これまでの疲労をとってもらうためである。

　この疲労の蓄積は我々の想像を超える凄いものであるということです。

　自分の生命の危険も顧みず看てくれた医療従事者には尊敬の念が絶えません。

　当然、恥ずかしながら私には出来ない仕事ですし、国民にもそう感じている人達が多いのではないでしょうか？

ここは、我々が我慢して医療従事者に恩返しをしな
ければいけないと思うのですが、どうでしょうか？

中学2年生の時の
気持ちに戻って一言

我々が我慢しなければ治
る病気も治らなくなって
しまいます。物がない、
食べる物もない戦時中に
比べれば、まだましや、
贅沢言っとられへん‼

8

　ある日のニュース番組で、子供達にインタビューしていて、「学校行きたい？」と聞いていたのだが、その子供達の返事が「行きたい」ばっかりだった。

　何故こんな偏った放送をするのか？

「行きたい」と「行きたくない」という意見を半分ずつ放送するのが公平である。
　子供達の中には、いじめられている子供なら「行きたくない」と答えるだろう。
　いや、親に心配を掛けたくないから嘘をつく子もいるだろう。

　真実を見抜くのも報道関係者の腕の見せ所である。そこで初めて、いじめが発覚し、子供達にも貢献出来る。

やはり、そういうところが庶民とはズレているなあ
と思う。

中学2年生の時の
気持ちに戻って一言

馬鹿の１つ覚えみたいに
同じ質問しなや！　政治
が悪いような聞き方し
て、いじめを見つけるの
も報道の役割やでぇ!!

9

　今回の新型コロナウイルスについて中国の対応を批判している国があるが、私は、これは仕方ないことだと思う。以前のパンデミック（スペイン風邪）が起きた時は、現在の世界各国の首脳が、まだ生まれておらず経験したことがないからである。

　もし、これが日本、アメリカで発生していれば、もっと感染者、死者が出ていたと思う。何故かというと、民主主義国家だからであって、国民に対して強制力は弱いからである。その点、中国は共産主義国家で強制力があるから、国民に対しての封じ込めが出来たので、あの程度で済んだのだと思う。

　しかし、1つの失策を言わせてもらえれば、新型コロナウイルスと解った時点で中国全土を封鎖すれば良かったのである。そうすることによって、世界に広がらなくて済んだのである。でも、先に述べたように、経験したことがなく、経済のことも考えれば致し方のないことだと思います。

　そこで一番大事なのは、この経験をこれから先の子孫に伝えなければいけないということです。

　世界各国の首脳が一堂に会し、共通のルールを決めることです。

　私が考えたルールは次の通りです。

①未知のウイルス感染患者が発見された場合、その国を封鎖すること

②それ以外の国が支援をすること（特に自国の感染患者がいれば、その費用は自国が払う）

③その未知のウイルスの治療方法、性質など、あらゆる情報を世界に提供すること

中学2年生の時の
気持ちに戻って一言

世界共通のルールを作った方が、損害と苦しむ患者や死者を最小限に食い止めることが出来るので未来の為にも作って下さい‼

23

10

　高校野球の甲子園開催中止に関しての報道が「あまりにも選手が可哀想だ」というような偏りがちな編集に、私は疑問を感じます。

　選手や監督にインタビューをすれば、「やりたい」と言うのは当たり前だし、「やりたくない」と言えば批判を浴びるし、そういうのはインタビューしてはいけないし放送してはいけない。中には、野球より受験が大事な選手もいるのだから尚更である。

　そして街頭インタビューでも選手寄りの意見の人が多かったのがダメである。

　公平性を保たなければ民主主義とは言えない。半々で報道すべきである。

「可哀想だ」とか「やらせてあげたい」と言う人は、それが原因で感染した人の面倒を一生看られるのなら良いが、看られないのなら、そういうことは言ってはいけない。

　今現在、コロナウイルスに感染して苦しんで生死をさまよっている人達のことを思うと、そういう発言は出てこないと思う。

私も高校３年間、野球をやらせてもらいましたが、私がその立場だったら、「野球なんかしている場合ではない」と、自分のわがままで野球をやらせてもらい、その野球が原因で感染が広まったら野球が嫌いになるだろうし、親、周りの知り合いで死者が出てしまったら、野球が一生やれなくなります。まして副主将をしていたので、自分自身も、同学年もそうだが、それ以上に後輩のことを先に考え、「後輩の誰かが感染し死んでしまったら、その、ご両親に申し訳が立たなくなる」と思っていたでしょう。

中学2年生の時の
気持ちに戻って一言

開催賛成派と反対派の意見は半々で報道するように‼　自分達のことより、後輩達のことを心配してあげて下さい。それが、のちに、後輩から「良い先輩を俺達は持ったなあ」と、一生喜ばれ慕われ続けることになると思います‼

11

　高校野球の甲子園開催中止が決定した時にテレビで某元プロ野球選手が、「やらせてあげたい」と言っていた。せっかく、事が収まりかけていたのに蒸し返してしまっては、また、大人達の都合で球児達が右往左往しなければならなくなる。進学希望の球児達にとっては迷惑な話である。

　私は彼の親父は嫌いだが、彼は言いたいことは言うし、かつて空手で頑張っていた姿を見て好感を持っていたのだが、この発言だけは容認出来ないし腹が立った。

　その話だけでも腹が立ったのだが、その意見を、どう思うかと感染症専門の教授に聞いていたのだが、私は当然「中止は仕方の無いことである」と言うと思ったのだが、「私も開催してほしい」と言ったのである。私は自分の耳を疑った。

　しかし、それからの発言も開催を要望するものであった。一番開催中止を進言しなければいけない立場の人なのに何を血迷ったのか、まったく理解出来ませんでした。

　それと街頭インタビューでは開催賛成派や、「やらせてあげたい」と言う人がいるのだが、言うだけでは偽善者と思われるので、税金は一切使わず、その大会に必要な人員、費用、そして開催して感染者が出た際の治療費や、その間の給料、医療従事者の給料を支払って下さい。それならば納得出来ますので宜しくお願いします。

　払えないのなら無責任なことを軽々しくテレビで発言しないで下さい。

　テレビに映っていないところでは良いのですが、テレビは反響が大きいので注意して頂きたい。

高校3年生の時の
気持ちに戻って一言

某元プロ野球選手と感染症専門の教授は開催に必要な人員、費用、そして、その開催で感染した人の治療費、その間の給料、医療従事者の給料を払いましたよね？　人の命が、かかってますから当然ですよね!!

12

　私が、高校野球の甲子園開催中止に賛成なのは、これ以上コロナウイルスの感染者を出さないのも理由だが、それとは別に、高校野球は、他の部活と比べて昔から優遇されているからである。「親の収入に左右されずに子供達には公平に教育させよう（教育の格差を無くす）」という国の方針から外れているからである。これは部活も同じであると私は思います。部活の種類によって不公平が出てはダメである。

　私が高３の時、同じクラスに剣道部の奴がいて、「お前らは良いよなぁ、実力が無くても野球部というだけでモテるもんなぁ」と言われた時はショックだった。
　剣道部は大阪の大会で良い成績を収めていると聞いていたので、私もそれを聞いた時は「確かに野球はテレビで全国放送するけど、ほとんどの部活はしないし、これは不公平だ！」と思ったのは事実である。私が卒業してから30年以上も経つが、未だに全部活のテレビ放送は実現していないままであるし、やはり子供達に対しては部活の種類にかかわらず公平に扱うべきであ

る。

※子供がマイナーな部活をしている親御さん達の中に
　は少なからず、そう思っている人は、いると思いま
　す

高校3年生の時の
気持ちに戻って一言

令和からの時代は人気だ
けではなく均等に平等に
放送してもらいたいもの
である。それが子供達の
やる気にも繋がる‼

13

　テレビで一般人にインタビューをしている場面があるのだが、マスクは着けているものの着け方が間違っているのに何故テレビ局は注意せず、そのまま放送するのか？

　表裏・上下が逆だったり、鼻が出ていたり、マスクの表部分を触りながら話している。

　そのまま放送すれば、正しい着け方を知っているその人の知り合いから敬遠されるかも知れないし、全国に恥をさらすようなものである。放送する前に正しい着け方や、してはいけないことを教えてから放送するべきである。

　そういう配慮も今のテレビ局には欠けているのである。

　これも「一般庶民なんかどうでもええ、自分さえ、自分達の業界さえ良かったらええんや」というのが心の中にあるからでしょう。

中学2年生の時の
気持ちに戻って一言

マスクの正しい着け方、
してはいけない動作を徹
底周知させてから放送す
ること‼　そうすれば1
人でも感染者を減らせる
ことが出来る！

14

　あくまで私のイメージなのだが、テレビを観ていると夜の街・飲み屋街の営業自粛要請に反対する意見を多く報道していると思います（2020年8月31日現在）。

　賛成の意見も取り入れ、半々で報道しなければ偏った報道になります。

　テレビは、公平性を持って報道しなくてはならない。

中学2年生の時の
気持ちに戻って一言

報道は、常に、公平な立場をつらぬかなくてはダメである‼

矢沢永吉語録

これは、励みになるか批判されるか解りませんが、ある日の「報道ステーション」でコロナウイルスの影響を受けた飲み屋の店主やキャバクラ嬢が、「どうやって生活すればいいか」と、いかにも国が悪いというような印象を与えるインタビュー内容の放送をしていたのだが、昔、NHKだったと思うのですが、歌手の矢沢永吉さんが言っていた言葉で、

　　「いつの時代だって、

　　　やる奴はやるのよ、

　　　やらない奴はやらない」

ということを言っていました。これを聞いた時「凄く良い言葉だなぁ」と思いました。

それまでの私は、上手くいかないことがあると周りのせいばかりにしてきました。

自分が情けなく、恥ずかしくなりました。

「やるのは自分、周りのせいにしてはダメだ」と思うようになりました。

　戦後の焼け野原でも、やる人は、やっていたのですから……。

　国を当てにしていてはダメです。先ずは自分自身の土台作りからではないでしょうか？

　国の支援は、あくまで予備ということで、勇往邁進（ゆうおうまいしん）していきましょう。

中学2年生の時の
気持ちに戻って一言

生まれてくる年代によって、格差はあるが、これは、変えられへん！　しかし、永ちゃんの言葉通り「いつの時代だって、やる奴はやるのよ、やらない奴はやらない」と、俺も思うし、言い訳する大人はカッコ悪いわ‼

NHK「サンデースポーツ」について

　ある日のゲストで女子プロゴルファーの渋野日向子選手が来ていた。今や日本人のほとんどの人達は、どこかで、その名前を耳にするようになったでしょう。そして、「スマイルシンデレラ」という愛称を世界の人々から言われ、ゴルフファンのみならずゴルフを知らない人達にもファンになった人は多いと聞きます。結婚したい女性スポーツ選手の上位にもランクされているとも……。

　その渋野選手に、男性キャスターのとった無神経な行動が信じられなかったのです。

　それは、渋野選手の商売道具でもあるパターを借りて、スタジオで遊んでいたのです。

　私は野球をしていたので解るのですが、グラブというのは、自分の手の大きさに合ったのが、使いやすいのです。それを、私より手の大きい友達がはめて大きくなり、ブカブカになったことで、ボールを上手くキャッチ出来ず試合中によくエラーをしてチームに迷惑

を掛けたことを覚えています。それからは、はめさせ
ないようにしました。

　このように小学生の時の私でさえ解っていることな
のに、東大出身と偉そうに番組で発言しているキャス
ターが解っていないのが不思議でならないし、解って
いたなら確信犯です。

　何故その場で見ているスタッフや責任者は止めない
のか神経を疑います。

　一流のプロの選手は、グリップの太さを１ミリの誤
差でも見分けると聞きます。

　それほど繊細なのです。私があの場にいたら、絶対
触りませんし、触れないです。

中学2年生の時の
気持ちに戻って一言

それが原因で活躍出来な
くなったら、渋野選手の
一生の面倒みなあかんや
ろ!!

NHK「あさイチ」について

　ある日の放送で「勝負下着」について語っていた。その中で、例として、ブラジャーを15個前後、出演者の前に置いていた。天下のNHKが受信料をもらってするような番組ではありませんし、当然、その購入費を経費で落としていないと思いますが、落としていたら大問題です。

　すぐに自分の給料から返して下さい。そして、テレビ業界から去って下さい。あなた達には受信料を受け取る資格は有りません。

中学2年生の時の
気持ちに戻って一言

もし、経費で落としてたら、その後の下着はどうするつもりだったのか？まさか、ネコババするつもりだったのだろうか？

NHKドラマ
「これは経費で落ちません」について

　仕事でのトラブルを、どう解決するかのノウハウを勉強するには、世の中の会社の経理部の人達にとっては、少しは参考になったかもしれないが、会社での恋愛や不倫を取り入れるのは言語道断である。

　このドラマを観て子供達が「会社って、厳しくて、辛く、甘えが許されない所だと思ってたのに、恋愛や不倫をして、遊びながら、ふざけながら、給料もらえる所なんだなあ」と思われる。

　天下のNHKが、こんなドラマしか作れないのである。
　受信料を返して欲しい。
　また、スキャンダルを起こしたタレントを使うのが解らん？　何か弱みを握られているのか？　勘ぐってしまいます。
　スキャンダルを起こしたタレントを使うなら、名もない真面目な女優を発掘するのが、公共放送の使命ではないでしょうか？

中学2年生の時の
気持ちに戻って一言

パワハラやセクハラで体調を崩し、鬱病にもなって会社に行けなくなる人や自殺する人もいるというのに、なんで、一部ふざけた内容のドラマを放送するのか？　天下のNHKでしょう。もっと、子供達のためになるドラマにして下さい‼

テレビドラマについて

　最近のテレビドラマは、職場での恋愛物が多いのでやめるべきだと思う。

　職場は、仕事の場であって、恋愛の場ではない。

　仕事とプライベートは、分けるべきだと思う。

　それは、職場で恋愛をすると、自分達の気に入らない、都合の悪い人を差別したり、仲間はずれにするからである。

　それが、権力を持っている人なら尚更である。

　仕事に対して公平な評価が出来ない。

　だから、もし結婚するのであれば、どちらかは、辞めなければいけない。

　後から、揉める元です。

　それと、ドラマを観た学生達が、「仕事中に恋の話をしても良いんだ」と、勘違いする。

中学2年生の時の
気持ちに戻って一言

チャラチャラしてない
で、仕事して下さい。仕
事とプライベートは分け
て下さい‼

テレビの災害募金について

　昨今、異常気象が１つの原因であるかも知れないという災害が、この日本でも当たり前のように多くなりました。

「台風による被害」「雨による被害」「地震による被害」と、様々である。

　そこで、テレビの放送で災害に遭われた方に募金を呼びかけることがある。

　それは良いことなのだが、携帯電話からは寄付できるが固定電話からは寄付できないという。

　私は、初めてこれを聞いた時、耳を疑いました。

　被災者を助ける気があるのなら固定電話からでも出来るようにするべきであるし、携帯電話を持っていなくて固定電話しかない人は、したくてもできないではないか？

　それだけ、寄付金が少なくなるのに……。

　被災者からすれば、１円でも２円でも寄付が多い方が助かるのだから……。

私から言わせればただの偽善者である。

中途半端なことはやめよう。

中学2年生の時の
気持ちに戻って一言

固定電話から寄付でけへんて、ただの偽善者やん‼被災者と固定電話しかない人の気持になって考えよう！

赤い羽根を胸に着けての
テレビ放送について

　一体、あれは、何の意味があるのか？

　報道番組を観ていて、チラチラ動くので、言葉が頭に入ってこない。

　当然、それを着けている出演者達は、給料の３割くらいは、寄付しているのでしょうか？

　もし、していなかったら、ただの偽善者である。

　国民に「寄付をせよ」と、無言の圧力をかけているのと一緒である。

中学2年生の時の
気持ちに戻って一言

口先だけの偽善者は要らない。口ではなく、態度（給料の３割を毎月寄付）で示そう‼

旅番組について

BSのローカル線の旅番組で、地元の人達に聞いて10個の名所を作るのだが、放送の中でやってはいけないことをしていた。

2人のタレントが、ある食事処で、休憩時間か終了時間なのに、店を開けさせ、食事をしたのである。

これは絶対してはいけない。完全なテレハラ（※テレビパワハラ）である。

テレビで放送されているのを利用し、断れば悪評が立ち、客が来なくなることを知っていてやっているのである。店側からすれば、本音は開けたくないのに、無理やり開けさせたのである。仮に店側が「良い」と言っても、絶対してはならない。テレハラの疑いを持たれるからである。休憩する時は休憩する。終了していたら終わり。メリハリをつけなければならない。

もし、営業時間外で事故でも起きたら、テレビ局は責任を持てるのか？

　それと、当然なのだが、その時の食事代と従業員の時間外手当は、払っているのでしょうか？

　払っていなかったら大問題である。

中学2年生の時の
気持ちに戻って一言

今、ブラック企業が大問題になっている。食事代と時間外手当を払っていなかったら、テレハラも度が過ぎますよ!!

※テレビパワハラ（テレビという巨大メディアをバックに、一般人に無理強いさせること）私が勝手に造った造語

「師匠」と言う
弟子以外の人について

　私が子供の頃は、「師匠」と言うのは弟子がいて、その弟子が自分の師匠のことを指す言葉だと思っていました。

　ところが、ここ数年、その師匠の弟子でもないのに「師匠」と言っているタレントやお笑い芸人、酷ければアナウンサーまで言っている。
　これには凄く違和感があります。

　うろ覚えで悪いのですが、テレビで何十年も前になりますが、漫才師のオール巨人さんが自分の弟子でもない後輩から「師匠」と呼ばれ、「お前は俺の弟子やないんやから師匠と呼ばれる筋合いはない」と言っていたのです（オール巨人さんじゃないかも知れませんが……）。
　それでインターネット調べなのですが、「師匠」とは学問・技術・遊芸を教える人とありました。

これは、どう捉えたら良いのですかねえ？

中学2年生の時の
気持ちに戻って一言

師弟関係でないと「師匠」
って言うのは間違いやと
思ってたんやけど、ネッ
ト調べでは違うみたいや
なあ……。どっちが正し
いんやろう??

SNSの誹謗中傷による
タレントの自殺について

　SNS上による誹謗中傷に悩んでのタレントの自殺報道が増えている。

　私は、これを聞いた時に、何故、そんなことで自殺しなければいけないのか解らなかった。

　まだ、歩けないとか、寝たきりになるとか、健康上の理由でなら解るが、どんな業界でも活躍すれば神様扱い、活躍しなければ誹謗中傷は当たり前ではないのですか？　テレビに出るということは、そういう覚悟がなければならないし、私でも、そういう扱いを受けることは小学生の頃から解っていました。ましてSNSをやるということは自らの責任においてその覚悟があるということである。何故なら、やらないという選択肢があるのだから。これはメディア関係、特にテレビが一番悪いのである。

　例えば、ユーチューブで人気ユーチューバーとしてテレビ出演し、何千万円、何億円稼ぐと、もてはやしたからである。それに触発されて未成年、小学生の子

49

供でもやるようになったからである。テレビの責任は
重大である。

　こんなことで自殺するなんて悔しいの一言です。し
かし、それよりも腹の立つことが２つあります。

　１つ目はテレビの扱い方です。さも、SNSで誹謗中
傷した人達が悪いかのような報道と、それに便乗して
他の有名人達も批判しだし、大々的に取り上げたこと
である（有名人達は偽善者にも見えるし、自分が誹謗
中傷を受けた時の対策をしているようにも見えた。政
府も法整備を急ぎ言論の自由を奪おうとしているので
はないかと思ってしまう）。

　２つ目は新型コロナウイルス感染拡大による緊急事
態宣言が出ている最中に自殺したことです。

　これで、どれだけの人達に迷惑を掛けているのか？

　私が自殺するのなら絶対コロナウイルスが終息して
からにします（なぜなら日が経つにつれて自殺願望が

なくなる可能性もあるから）。そして、もし私が、今、小・中・高校生でいじめを受けている、それもSNSでもいじめを受けている立場なら、「有名人達は直ぐニュースになって、俺（私）らはニュースにならない。俺（私）らは立場の弱い未成年だ。弱い立場、子供達を守るのがテレビ（大人）じゃないのか？」と思うでしょう。

小・中・高校生の時の
気持ちに戻って一言

テレビやユーチューブに出てる人は誹謗中傷は当たり前の世界！　有名人だけ直ぐニュースにして……。俺ら子供達を先に救うのがテレビじゃないのか？

▼

▼

▼

お願い＆質問コーナー

2

矢沢永吉と福山雅治のコラボについて

　私は、以前の「テレビが日本人（庶民）をダメにした」の第1弾で述べた通り永ちゃん（矢沢永吉）のファンです。それと、その時には述べていなかったのですが、ましゃ（福山雅治）もファンなのです。

　そこで、新型コロナウイルスの終息が最低条件になりますが、私は、新型コロナウイルスが流行る前から永ちゃんとましゃによる、コンサートでのコラボを観てみたいと思っていました。

　それは、何故かと言うと2人とも原爆投下を受けた被爆地出身者だからです。

（矢沢永吉─広島）・（福山雅治─長崎）

　世界では、まだまだ核ミサイルが減ってはいません。日本も北朝鮮による核の脅威に曝されています。

　広島・長崎の被爆者達からすれば核兵器反対の声は解りますが、現実問題としては、なかなか難しいのが現状です。

そこで、２人に「戦争反対」の意味を込めてコラボして頂きたいのです（勿論、２人とも「戦争反対」の立場であることが条件ですが……）。

　何故この２人を選んだかと言うと、被爆地出身者ということもありますが、２人とも、日本では、ただのスターではなくスーパースターだからです。

　被爆地からでも、こういうスーパースターが出るのだと世界に証明して頂きたいのです。

　永ちゃんは70歳を超えました。いつ、声が出なくなるか分かりません。出来るだけ早くコラボして頂きたいものです。私の願望としては、永ちゃんのコンサートにましゃがサプライズゲストとして来て、１曲か２曲、一緒に歌ってくれたら、こんな嬉しいことはありません。

　　２人の関係者の人達も
　　大変でしょうが、
　　宜しくお願い致します。
　　世界平和のために !!

〈質問１〉

　2020年の高校野球の春の甲子園大会が中止になったのを発表した時に、私が、心に強く思ったのが、テレビのニュースで球児達の泣くシーンが多く放送されたことである。

　他の部活の選手達も大会が中止になっているのにもかかわらず、あまりにも不公平な放送の仕方である。

　そこで私は、第１弾の本の中でも述べたように「勝負は働き出してからだ」と言ってきたので、もし、出来るのであれば、読者の方で調べて欲しいことがあるのです。

現在、高校を卒業して、学生でない人で、全役付、並びに年収の高い人は、高校生の時にどんな部活に入っていたか？　入っていなかったか？

「役付÷人数＝％」、この計算方法で出して欲しいのです。

　例えば、

社長÷元野球部＝　％

部長÷元野球部＝　％

係長÷元野球部＝　％

社長÷元帰宅部＝　％

部長÷元帰宅部＝　％

係長÷元帰宅部＝　％

長者番付１位÷元野球部＝　％

長者番付２位÷元野球部＝　％

長者番付３位÷元野球部＝　％

などです。

大学の卒論のテーマでもどうでしょうか？

　私は、ユーチューブを時々観るのだが、その中で地域の保護猫活動（NPO法人？）をしている動画を観て思ったのが、「いかにも私達は身を粉にして地域の為に頑張っていますよ、えらいでしょう。だから、保護猫を育てないといけないので寄付して下さい」というアピール動画が多いように感じた。「それは、あなた達が好きでやっているのであって、お金に困っているのであればやめればいいのです」と思うのだが、その前に、

> 保護猫活動をしている人は、身寄りのない子供達の施設にいくら寄付をしているのでしょう？　読者の方で調べられる人がいれば調べて欲しいです。

　もし、していなかったら、「優先順位が違う」と私は言いたい。

▼
▼
▼
参考までに

社会人になってからの貯金について

1

　私は、亡き母から社会人になる前に、

「１年働いて、最低１ヶ月働かなくても食べていける貯金をしなさい」

　と

「そして２年働いて２ヶ月以上、３年働いて３ヶ月以上、そして結婚して家族が出来たら、その人数分以上の貯金をしなさい」

　と言われました。

　母曰く、「将来、どんな病気や災害が起きるか解らないから貯金は出来るだけしなさい」「それと子供が出来れば益々お金が必要になるし、それが最低限親の務めだ」と……。

私は、この母の教えが当然、世間一般の常識だと思っていましたが、テレビを観ていると、どうも違うようです。いい年をした社会人達が新型コロナウイルスの影響で「来月からどう生活すれば良いか解らない」とか「死活問題や」と言う人が大勢いるからです。

中学2年生の時の
気持ちに戻って一言

将来に向けての貯金に対する考え方は皆やっていることだと思っていた。そういう教育を受けられなかったのは不幸だと思う

2

　私は、母の教えには母の生い立ちが凄く影響していると思います。

　それは、戦時中に生まれ育ったことです。

　両親の苦労を見、長女であった母は、弟2人、妹1人を面倒見なくてはならず、大家族だからといって国が助けてくれるわけでもなく、自分達家族だけで食べていかなくてはならなかったことです。

　そういう経験があったからこそ、国を当てにせず、人を当てにせず、最低限、自分達の力で生活するという考え、信念が生まれたのではないでしょうか？

　そのことを踏まえて、お金の大切さを知っていたのでしょう。

　テレビでは、営業自粛要請を受けた飲み屋の店主が、「家賃も従業員の給料も払えない」と嘆いていました。私は、あなたに言いたい「社会人になってから1日も休まずに仕事をしましたか？」「今回の選挙で与党（自民党、公明党）以外の政党に投票しましたか？」

その２つをしていたならば家賃も従業員の給料も国が保証するべきだと思います。

　しかし、それが出来ていなければ、あなたは経営者失格です。もらう権利はありません。

　本当の経営者というのは、世間の混乱時に従業員の給料を最低３ヶ月支払える人だと思います。従業員にも家族が、子供がいる人もいるでしょうから責任は重大です。そして、その時こそ本当の経営者の実力が解るのです。

中学2年生の時の
気持ちに戻って一言

従業員は、あなたの奴隷ではありません！　従業員にも生活、人生が掛かってます。従業員の給料を確保してから雇用して下さい!!

議員の妻について

小泉進次郎と滝川クリステルが結婚して話題になったように、有名人の妻を持つ議員が多くなりました。

私は、結婚は別に構わないと思っているのですが、有名人が議員の妻になったらテレビに出てはダメだと思います。

何故なら、有名人である妻とテレビに出ていない妻との差が出て選挙に大きく影響するからです。

それと、テレビ関係者の中には、気を遣って、ビクビクする人もいるでしょうし、ヨイショやゴマをする人もいるでしょう。

こういうことで不公平なことにならないようにするためです。

それと、国民の税金をもらっているのにどこまで国民からお金を巻き上げようとしているのか？

私には、その神経が解りません。

本当は、テレビがその有名人を起用しなければ良いだけの話なのだが……。

これはテレビ業界全体で「議員の妻はテレビ出演禁止」というのを決定すべきでしょう。

　まだ、有名ではない若手議員や収入の少ないタレントを、どんどん出演させるべきであると思う。

中学2年生の時の
気持ちに戻って一言

議員の妻のテレビ出演禁
止！　一番良いのは、法
律で決めるべき‼　妻が
いない人もいるのだから

避難所について

　今まで災害が起きる度に、避難所に避難する人達がいるにもかかわらず、避難所の環境が整っていない問題が浮き彫りにされている。

　暑い、寒い、停電、プライバシーの配慮不足などである。

　自家発電設備を早急に進めて頂きたい。

　最低でもエアコンは付けないといけないと思います。

　温度差がありすぎると、命にもかかわりますので……。

中学2年生の時の
気持ちに戻って一言

避難所が、快適の場でなくては意味がない。ただでさえ、気が滅入ってるのに、追い打ちをかけるようなものである

69

猫の飼い方について

　最近、テレビやユーチューブで、猫を保護したという場面をよく観るのだが、その中で、これはおかしいという発言がある。

　それは「人間が自分勝手に飼っておいて最後まで飼わずに猫を棄てるなんて、どんな理由があっても許せない」という発言です。

　いや、理由があるから捨てるのであると思うし、そういう発言をする人は、もし、「自分の愛する人の命」と「猫の命」どちらかを選べと言われたら「猫の命」が助かる方を選ぶのでしょうか？
「猫の命」が助かる方を選ぶのなら、その考えは間違っているし、「猫の命」より「人の命」の方が重いに決まっています。それと、「猫も人も１つの命です」と言う人がいますが、「それでは、あなたは牛や豚、魚は食べないのですか？　これも１つの命ですよ

ね？」と、私は言いたい。

　私も以前、猫を飼っていました。当然家族のように飼っていましたし大好きでしたが、「人の命」と「猫の命」を同じように語るのはおかしいと思います。

　人というのは、「十人十色」、人それぞれいろいろな考えがあります。猫もいろいろな考え、性格があるでしょう。
　一番の解決策は猫が喋ってくれたら良いのですが、喋れませんので、専門家に、猫の仕草でどう思っているか判断してもらうしかありません。
　もしも私が猫の立場になったら「１週間後に殺処分されるのなら飼い主さんの都合（飼えなくなったら捨てても良いし、殺しても良い）で良いから飼って欲しい」と思うでしょう。

現世では悲しいかな猫は喋れませんので、猫の考えが100％解っているとは言えないでしょう。しかし、私と同じ考えの猫も多少は、いると思います。

　動物愛護管理法では、猫を棄てるのは違法だと解っていますが、それぞれ家庭の事情も違いますから、先の発言はすべきではないと思います。

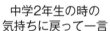

中学2年生の時の
気持ちに戻って一言

「動物の命」と「人の生活」を比べる時点で間違っている！　動物を何匹も飼うお金があるのなら身寄りのない子供の施設に寄付して下さい‼

無差別・男女の殺人事件について

　ニュースで報道される、「誰でも良いから殺したかった」と犯人が言っている事件や、男女関係の縺れによる殺人事件について私は言いたい。

「何を馬鹿なことを、
　何を勿体ないことをしているのかと……」

「誰でも良いから殺したかった」と言う奴は、それなら、税金を横領、不正利用している奴、業者と癒着している公務員など、世の中には悪いことをしている奴はたくさんいます。同じことをするのなら、そういう奴らに正義の剣を振り下ろして下さい。そういう行為ならば、少しは国民の理解も得られるし、世の中、国の為にもなるでしょう。

　男女の縺れによる殺人事件もそうですが、この２つの事件を起こす前に私は言いたい。

73

「自分の、これまで、これからの人生を捨ててまでの価値のある行為ですか？」と……。

「それでも殺す価値があるのなら仕方ないが、価値がないのなら止めなさい」と。

中学2年生の時の
気持ちに戻って一言

自分の人生を捨ててまでの殺人なんて、勿体ないと思うけどなぁ？

プロ野球
ペナントレース（2020年）について

　私は、新型コロナウイルスが終息もしていないにもかかわらず、プロ野球を開始したのは今でも間違いだと思っている。しかし、終わったことは今更言っても仕方がないので不問にしたかったのだが、開始の条件として、人と人との距離を置く＝ソーシャルディスタンスが取られ、観客数も制限されるようになった。

　私は、このニュースを初めて聞いた時に、すぐに頭に浮かんだことが、

「この条件でやるのなら、普段、滅多に球場に来られない人、それは、人が多ければ自分が迷惑になるんじゃないかと思って気を遣って来られない人を優先的に招待してあげられるのではないか？」

　と思いました。

　それは、身体障害者と、その家族、特に、車椅子を使用している方である。

どっちみち距離を空けるのだから、これは良いアイデアだと思ったし、当然、どこかの球団は、それをするだろうと思っていました。ところが、いざ、ペナントレースが始まると、どこの球団もしていなかったのでした。せめて阪神タイガースだけは、率先してやって欲しかったです。

　これはプロ野球に限らず、他のスポーツにも当てはまることだと思います。
　ソーシャルディスタンスが求められる世の中だからこそ、身体障害者と、その家族、特に、車椅子を使用している方には、優先的に観戦して頂きたいと思いました。

甲子園高校野球
交流試合（2020年）について

　私は、新型コロナウイルスが終息もしていないのにもかかわらず、夏の甲子園を開催したのは今でも間違いだと思っている。しかし、終わったことは今更言っても仕方がないので不問にしたかったのだが、開催の理由が「３年生にとっては最後だから」と言っていたのに、いざ大会が始まれば１・２年生を出場させているではないか？

　３年生が足りなければ仕方ないが、そうではない高校もあったのではないか？

　これでは、大会の趣旨に反します。何故、主催者側（高野連？）が認めたのか？

　私は、１試合だけだということなので、当然、全監督は勝負にこだわらず、約２年半我慢してきたのだから３年生優先で出場させて甲子園を楽しませると思っていました。

　しかし、試合が始まってみると、いかに、３年生のことは思わず、自分の名誉を優先したかが解りました。

がっかりです。

やはり、「特別な夏」と言うのであれば、ルールも特別であっても良かったのではないかと思います（自分のことしか考えない馬鹿監督もいるのだから）。

もし、2021年も1試合だけの交流試合があるのなら、私が考えたルールを参考にして頂ければ幸いです。

①12回で打ち切り、延長なし
②登録メンバー20人で全員出場させる
③3年生優先、いない場合は2年生、1年生の順で出場させる
④ケガや病気、あらゆるトラブルが発生した時は再出場出来る
⑤バント禁止
⑥サイン禁止（バッテリーはOK）
です。どうでしょうか？

これからの高校野球公式試合について

　新型コロナウイルスの終息が最低条件ですが、私は、以前から酷暑による高校球児の体力の消耗や後遺症が心配でした。高野連は水分補給タイムを導入していましたが、まだまだ不十分だと思います。

　今や、世界ではAI（エーアイ）やスマートシティなど環境が変わろうとしているのに、高校野球は、昔のままである。私は、高校野球だけではなく、他のスポーツも今の子供達に見合ったルール改正が必要だと思います。それは何故かというと、高校生では、まだ、身体が完全に大人になっていないからである。

　ケガをすれば、一生取り返しの付かない出来事になるかも知れないからである。

　そこで私は、以前書いた「テレビが日本人（庶民）をダメにした」の第１弾の165頁にある「高校野球の公式試合のルール改正について」で述べた内容に加えて、追加案を提案したいので書かせて頂きます。

〈追加案〉

・ベンチ入りの選手は全員出場させることが望ましい
　が、９回までいかないコールドゲームは構わない

以上

　これは、夏だけではなく、公式試合全部に採用して
頂きたい。
　メリットは第１弾で書いた通りです。

これから先の未知のウイルスへの対策

①WHO（世界保健機関）が中心となり世界共通の規則を作ること

②未知のウイルスが発見された国は直ぐに、その地域と周辺を封鎖すること

③勿論、他の国の人でも、封鎖地域からの出入りは禁止（ライフライン関係者はOK）

④封鎖地域の中に地域外の国の出身者がいる場合は、その国が治療費を援助する

⑤未知のウイルスの情報を世界に発信すること

⑥医療従事者が不足している場合は、世界各国が援助すること

これを守れば、最低限の治療費で抑えられるし、余計な感染者を出さなくて済む。

命を懸けて、我々を守ってくださる医療従事者の方達には感謝ですし、余計な負担になってはいけないと

思います。

　未知のウイルス以外の治る病気も治らなくなり、苦渋の選択を医師にさせてはダメだと思います。
　なおかつ、医療従事者が倒れたら終わりです。我慢するところは我慢しましょう。

戦時中の、物がない、
自由な発言が出来ない、
特攻隊で亡くなった
人のことを思うと、
私達はまだ幸せです!!

▼
▼
▼
まとめ

私は、ニュースで新型コロナウイルスが中国の武漢から流行り出し、その周辺の地域に広まったことを知った段階で「これは、早く封鎖しなければ世界に広まってしまい健康の面でも経済の面でも大打撃を受けて取り返しのつかない事態に陥る」と思いました。

　この思いは世界の人達も当然同じだと思っていました。それは、何故かというと映画で「バイオハザード」が、世界中で大ヒットしたからです。

「バイオハザード」を観た人なら解ると思いますが、この映画はウイルスが世界に広まったら、いかに恐ろしいことになるかというストーリーです。しかし、中国は、直ぐ封鎖せず、世界各国に広まってしまいました。これは中国だけではなく世界各国の首脳、国民の大多数が約100年前のスペイン風邪を経験していないので、亡くなった人、感染した人には申し訳ないのですが、仕方のないことだと思います。

　そこで、私なりに考察した今回の新型コロナウイルスが広まった原因を4つ挙げたいと思います。

①中国は以前のSARS（サーズ2002〜2003年）の封じ
　込めに成功していたので、今回も出来ると過信し油

断をしていた。その時との違いは中国人が経済的に
豊かになり、各国へ旅行するようになったこと
②世界が自国民を感染地域から帰国させたこと
③各国で戦争経験者が少なく、外国人（日本では憲兵
も）にいつ殺されるか分からないという恐怖心を持
ったことがなく、平和ボケしていて危機感がなくな
っていること
④病気やケガで死の恐怖を味わったことがないこと

病気やケガで死の恐怖を味わった人は、「仕事なん
てどうでもいい、健康が第一や！　健康であれば次の
仕事も出来る」と、思うようになる。「二兎を追う者
は一兎をも得ず」である。

これらを踏まえて、テレビの報道がいかに重要であ
るかが解るのだが、相変わらず、ヘラヘラ笑いながら
自分のことを話したり、ニュースに関係のない私語が
多すぎる。
緊張感が全くなく、中学生が無邪気に喋っているよ
うである。精神年齢が子供なのであろう。

　それと、取材にかこつけて営業自粛をしている居酒屋に行ったり、ライブハウスに行ったり、挙句の果てに高級クラブに行ったりしているが、遊んでいるようにしか映らない。

　偏った放送にもなっているので、営業自粛に賛成の意見も反対の意見も五分五分で報道しなければいけない。

　最後に、テレビ業界、特に報道番組は、有事の際に庶民を楽観視させるような報道は、すべきではない。大人は常に、特に子供がいる人は保護者でもあるのだから、最悪なことを想定して報道することを心掛けて頂きたい。あなたの一言が生死を分けることにもなりかねないので責任は重大ですから。

〈追　記〉

　2020年12月3日（木）大阪モデル「初の赤信号点灯」が発表された。

　この追記を書いたのは翌日なのだが、まだまだ新型コロナウイルス感染症が終息しそうにもないので、80代の親がいる身としては共倒れになるのではないかと

毎日危機感に苛まれています。そこで、私なりの感染拡大の原因を２つ挙げたいと思います。

①テレビ朝日「報道ステーション」感染アナウンサーの復帰

当該アナウンサーの年齢（44歳）以下の人達が、早期復帰したアナウンサーを見て「コロナは直ぐ治る、怖くない病気や！」と認識してしまったこと。

②感染予防を守らない人や店に罰則や罰金がない

車の運転や風俗業でも罰則や罰金があるのに、それがないので守らない人が多いこと。

私が子供の立場なら「国は各自治体が感染予防策を何度もお願いしているのに、守らない大人は罰すればいいのに」と、思うでしょう。いや、私だけではなく、そう思っている子供達も多いのではないでしょうか？　やはり、これは罰則（罰金）がないのが原因だと思います。

そこで私が考えたコロナ対策案ですが、ライフスタ

イルを変える必要があります。今のコロナウイスル感染症が終息しても、また1年後、2年後に新型のウイルスが発生するかも知れません。また、その最中、台風、大雨、洪水、地震などの自然災害が発生した時のことも考えなくてはいけません。なので未来の子供達のためにも法律を制定したほうが良いと思います。微力ではございますが少しでも参考にしていただければ、これ幸いです。

　以下の項目を守らない場合は罰金6万円

（2万円は自治体、2万円は医療従事者、2万円は通報者に）

　管轄は警察

①外出する時はマスクまたはフェイスシールドなどの飛沫防止品を着用

②食べ歩き禁止

③飲食店で食事をする時は飛沫防止品を外しても良いが、喋らない

④基本的に喋る時は飛沫防止品を着用する

⑤喋らなければ飛沫防止品を着用しなくて良い

店側の対応として

①ソーシャルディスタンスを守り、入場制限をすること

②入店前に感染予防策を守れるか確認し、守れる人だけを入店させること

③違反者は通報し退店させる

④違反者を放置した場合は、その日の売上金を没収し１ヶ月の営業停止

⑤予約は全額前払いでキャンセルは出来ないことを了承させる

後々、もめることのないように、喋っているところを撮影すること（スマホ、携帯でも良い）

感染予防策をしている人や店が馬鹿を見る（真面目や正直者が馬鹿を見る）世の中になってはいけません。子供達も見ています。大人達が見本になりましょう。

※この法律ができれば、行きたくても行けなかった人も来るでしょうし、店側も違反する人を注意しやすいし、時短自粛要請に応じなくて良い。行政も無駄な協

力金を支払わなくて済む

　例えば、静かに飲食したい人や、もしかしたら引き
こもりの人も、これをきっかけに外出してくれるかも
知れない。

　この法律で店を継続できない場合は人手不足（例、
介護・農業・保護具や衛生関連など）の仕事に優先的
に就いてもらう。

　それと、私は、国の政策、GoToトラベルやGoToイ
ートには反対の立場です。

　何故なら、それ以外の仕事の人も困っている人はい
るのですから職業差別はいけません。

　それと旅行が嫌いな人もいるし、身体が不自由で行
けない人もいるのです。そういうことも考えています
か？

　そんなお金があるのなら医療従事者や年収（手取り）
が250万円以下の人を支援するべきです。収入の少な
い人は、現金を貰えたほうが助かるでしょう。

　自分の好きなことをやる人は、自分が損をしてでも、
お金を払ってでもやりますから……。

著者プロフィール

嶋河 薫風（しまかわ くんぷう）

1966年4月生まれ
大阪府出身、在住
大阪の高校を卒業

著書
『テレビが日本人（庶民）をダメにした』（2020年、文芸社）

テレビが日本人（庶民）をダメにした 2
新型コロナウイルス含む

2021年3月15日　初版第1刷発行

著　者　　嶋河 薫風
発行者　　瓜谷 綱延
発行所　　株式会社文芸社
　　　　　〒160-0022　東京都新宿区新宿1－10－1
　　　　　　　　　電話　03-5369-3060（代表）
　　　　　　　　　　　　03-5369-2299（販売）

印刷所　　株式会社フクイン

ISBN978-4-286-22566-1